上海市工程建设规范

黄浦江两岸滨江公共空间建设标准

Construction standard for the public space of Huangpu river waterfronts

DG/TJ 08—2373—2023

J 16908—2023

主编单位：上海市城市规划设计研究院

批准部门：上海市住房和城乡建设管理委员会

施行日期：2023 年 7 月 1 日

同济大学出版社

2023　上海

图书在版编目(CIP)数据

黄浦江两岸滨江公共空间建设标准 / 上海市城市规划设计研究院主编. —上海：同济大学出版社，2023.10
ISBN 978-7-5765-0856-7

Ⅰ. ①黄… Ⅱ. ①上… Ⅲ. ①城市空间—空间规划—标准—上海 Ⅳ. ①TU984.251-65

中国国家版本馆 CIP 数据核字(2023)第 120216 号

黄浦江两岸滨江公共空间建设标准

上海市城市规划设计研究院 **主编**

责任编辑 朱 勇
责任校对 徐春莲
封面设计 陈益平

出版发行 同济大学出版社 www.tongjipress.com.cn
(地址：上海市四平路 1239 号 邮编：200092 电话：021－65985622)
经 销 全国各地新华书店
印 刷 浦江求真印务有限公司
开 本 889mm×1194mm 1/32
印 张 2
字 数 54 000
版 次 2023 年 10 月第 1 版
印 次 2023 年 10 月第 1 次印刷
书 号 ISBN 978-7-5765-0856-7
定 价 25.00 元

上海市住房和城乡建设管理委员会文件

沪建标定〔2023〕56 号

上海市住房和城乡建设管理委员会关于批准《黄浦江两岸滨江公共空间建设标准》为上海市工程建设规范的通知

各有关单位：

由上海市城市规划设计研究院主编的《黄浦江两岸滨江公共空间建设标准》，经我委审核，现批准为上海市工程建设规范，统一编号为 DG/TJ 08—2373—2023，自 2023 年 7 月 1 日起实施。

本标准由上海市住房和城乡建设管理委员会负责管理，上海市城市规划设计研究院负责解释。

上海市住房和城乡建设管理委员会

2023 年 1 月 31 日

前　言

根据上海市住房和城乡建设管理委员会《关于印发2016年上海市工程建设规范编制计划的通知》（沪建管〔2015〕871号）的要求，由上海市城市规划设计研究院会同有关单位经广泛调查研究，认真总结实践经验，参考相关国家标准，并在广泛征求意见的基础上，制定了本标准。

本标准的主要内容有：总则、术语、空间类型、空间设计、配套设施、公共安全及附录A。

各单位及相关人员在执行本标准过程中，如有意见和建议，请反馈至上海市规划和自然资源管理局（地址：上海市北京西路99号；邮编：200003；E-mail：guihuaziyuanfagui@126.com），上海市城市规划设计研究院（地址：上海市铜仁路331号；邮编：200040；电话：32113288；E-mail：hpj_biaozhun2018@163.com），上海市建筑建材业市场管理总站（地址：上海市小木桥路683号；邮编：200032；E-mail：shgcbz@163.com）。

主 编 单 位：上海市城市规划设计研究院
主要起草人：钱　欣　胡海洋　夏丽萍　郎益顺　徐国强
李雨婷　周广坤　高凤姣　苏红娟　傅庆玲
周云洁　归云斐
主要审查人：熊鲁霞　苏功洲　朱祥明　杨　明　贾卫红
孙　勇　李轶伦　肖　滨　王维凤

上海市建筑建材业市场管理总站

目　次

Contents

1 总 则

1.0.1 为提高黄浦江两岸滨江公共空间品质，规范黄浦江两岸滨江公共空间的建设，制定本标准。

1.0.2 本标准适用于黄浦江两岸滨江公共空间建设的相关规划和设计。靠近滨江公共空间的相邻空间在技术条件相同的情况下可适用。

1.0.3 两岸滨江地区的公共空间建设应符合下列原则：

1 倡导绿色、生态、健康的生活方式，实现两岸滨江地区经济、社会、环境等的可持续发展。

2 尊重历史与地方特色，因地制宜地保留城市肌理和场所记忆，形成独特的城市滨水文化。

3 将公共空间的生态、美学等功能与市民的工作、生活、娱乐等需求相联系，创建多样化、功能复合型的滨水空间，提供广泛的户外游憩及休闲活动场所。

4 增强滨水岸线的连续性、完整性、可达性，沿线公共服务设施面向大众开放，确保公共空间开放共享。

1.0.4 黄浦江两岸滨江地区的公共空间应编制专项规划，其内容应纳入控制性详细规划附加图则加以管控。规划范围应与控制性详细规划编制单元范围一致。

1.0.5 黄浦江两岸滨江公共空间建设除应符合本标准外，尚应符合国家、行业和本市现行有关标准的规定。

2 术 语

2.0.1 滨江公共空间 riverside public space

在黄浦江两岸滨江地区范围内，对公众开放的、具有户外公共活动功能的城市建设用地及适宜开展公共活动的近岸水域。

2.0.2 近岸水域 near-shore water

位于黄浦江蓝线（河口线）至浚浦线（码头前沿控制线）之间的水域空间。

2.0.3 滨江第一条市政道路 first municipal road along the riverside

平行于黄浦江且距同侧黄浦江蓝线距离最近的市政道路。

2.0.4 慢行道 slow lane

位于滨江公共空间内，穿越滨江道路、公共绿地和近岸水域等空间中的慢行通道，包括漫步道、跑步道及骑行道。

3 空间类型

3.0.1 两岸滨江地区宜结合地形地貌、生物物种、历史遗迹、腹地功能等资源特征，综合适宜开展的公共活动以及服务设施配套要求，将滨江公共空间分为自然生态型、文化活力型和历史风貌型三种类型，具体分类要求应按照表3.0.1的规定执行。

表3.0.1 滨江公共空间类型一览表

空间类型	空间类型特征			空间类型示意
	资源特征	公共活动	服务设施	
自然生态型	农田、林地、湿地、公园绿地	跑步、骑行、徒步、自然科普教育等	设施种类较完善，服务半径较大	浦江郊野公园滨江段；炮台湾湿地公园滨江段；后滩湿地公园滨江段
文化活力型	滨江商业、商务办公、文化展演、体育赛事、居住功能较多，以公园绿地为主体，拥有丰富的活动场所	文艺、展览、休闲健身、休憩、商业体验、户外社会交往等	设施种类完善，服务半径较小	黄浦老码头滨江段；世博源滨江段；黄浦区南浦滨江段；西岸艺术中心—西岸传媒港滨江段；东岸世茂滨江段；东岸老白渡滨江段（东昌路—塘桥新路）
历史风貌型	拥有较大规模的保护保留历史建筑群或历史遗存	观光旅游、文化、博览等	设施种类完善，服务半径较小	杨浦渔人码头—杨树浦水厂滨江段；东岸民生码头滨江段；外滩风貌区滨江段

3.0.2 两岸滨江地区应合理布局公共空间，滨江公共空间的规划设计应体现公共空间类型的特色，在相对完整的区段内应以一种公共空间类型为主导，在突出区段特色的同时应保持相邻公共空间的协调性。

3.0.3 本标准中明确针对某种公共空间类型的规定应按照相应要求执行，其他未明确公共空间类型的规定为一般通用性要求，所有滨江公共空间均应符合相关要求。

4 空间设计

4.1 系统布局

4.1.1 新建及改建的滨江公共空间应根据已批控规的要求合理布置沿岸生态廊道宽度，保证滨江生态廊道连续度，沿岸宜建设连续的生态岸线，并宜符合下列要求：

1 自然生态型区段宜设置连续宽度不低于 100 m 的绿地。

2 文化活力型区段宜设置连续宽度不低于 30 m 的绿地。

3 保护保留建筑较多的历史风貌型区段宜设置连续宽度不低于 12 m 的绿化种植带（含树阵广场）。

4.1.2 两岸滨江地区内应保护并修复具有生态价值的景观资源，并应符合下列规定：

1 生态红线不得突破，重要生态资源（二类生态空间和三类生态空间）保护性质不得改变，影响生态功能的开发建设活动不得开展。

2 滩涂湿地（含人工滩涂湿地）的规划面积不宜减少；若确需减少滩涂湿地面积，应进行充分论证。

3 应保留原有地形地貌和动植物群落，如因人为因素或环境变化而导致生态破碎化或生态功能降低的，应进行生态修复。

4.1.3 两岸滨江地区应结合支流水系开辟纵向绿廊；当支流水系间距超过 2 000 m 时，应在其中增加公共绿地以提高纵向绿廊密度，形成与腹地联系密切的生态空间网络。

4.1.4 两岸滨江地区应通过城市设计研究，确定视线廊道、建筑高度分区、空间界面等空间管制要素的总体要求，划定景观标志地区和景观标志路段，其内容应纳入控制性详细规划附加图则加以管控。

4.1.5 两岸滨江地区应完善空间布局，协调近岸水域、滨江空间、滨江腹地之间的风貌与景观关系，结合道路、滨江空间、生态廊道、水系等线性空间设置纵向和横向的视线廊道。

4.1.6 景观标志地区和景观标志路段的风貌管控应符合下列规定：

1 景观标志地区周围新建建筑应处理好其高度、体量、形式、色彩和天际轮廓线与景观标志地区的关系，不得降低景观标志地区的主体地位。

2 景观标志路段应加强步行和公共活动功能。

4.2 历史风貌

4.2.1 各级文保单位、优秀历史建筑应按照相关法律法规的要求执行，并应符合下列规定：

1 在各级文保单位、优秀历史建筑的保护范围内不得新建建筑。

2 在各级文保单位、优秀历史建筑的周边建设控制范围内新建、扩建、改建建筑的，应在使用性质、高度、体量、立面、材料、色彩等方面与各级文保单位、优秀历史建筑相协调，不得改变建筑周围原有的空间景观特征，不得影响各级文保单位、优秀历史建筑的正常使用。

4.2.2 历史风貌区保护规划范围内的滨江公共空间建设应按照相关法律法规以及历史风貌区保护规划的要求执行。新建、扩建、改建建筑时，应在高度、体量、色彩等方面与历史文化风貌相协调。

4.2.3 不在各级文保单位、优秀历史建筑、历史风貌区保护规划范围内，但与黄浦江历史沿革密切相关的特定场所、历史建(构)筑、历史遗存物等，应通过评估，明确是否保护、保留，以及保护、保留的方式。

4.2.4 历史建(构)筑物应成为滨江地区重要的文化和活力节点,体现功能与空间的开放。

4.2.5 滨江新建、改建、扩建建筑和城市家具的设计应传承本土文脉,合理引入当地建筑风格的要素和构件,绿化配置宜选用本地植材。

4.3 生态与绿地

4.3.1 近岸水域范围内应建设动植物生境,逐步提高岸线生态功能,宜采取下列措施:

1 在近岸水域的水底基层宜设置潜水防波堤、人工珊瑚石等,形成软质基底,降低能量流动速度。

2 在防汛墙前沿水域宜设置生态台阶、生态板面或潮间带栖息地等,模拟自然浅水层生物生境。

3 码头、亲水平台等水上构筑物宜局部设置透光区域或结构,并采用适当措施弱化码头边缘的光强对比度。

4.3.2 两岸滨江地区应设计鸟类、鱼类、昆虫类和两栖类的生物迁徙廊道,保持生物多样性,并宜采取下列措施:

1 驳岸宜进行生态化处理,添加绿化容器、鱼巢砖,种植水生植物,营造多孔隙、绿色的生态驳岸。

2 建(构)筑物宜使用支柱架空、仿生、交错、悬挑、多层、覆土等结构形式,营造适宜鸟类栖息停留的缝隙、孔洞、屋檐、阳台、屋顶花园等鸟类栖息环境。

3 绿化种植宜选择栖息地价值高的植物。

4.3.3 滨江公共空间内的公共绿地建设应符合下列规定:

1 公共绿地内的建筑应符合现行上海市工程建设规范《绿地设计标准》DG/TJ 08—15 的相关规定,不得设置与公共绿地功能无关的建筑,新建建(构)筑物单体占地面积不宜大于 500 m^2,配套建筑总量应符合现行国家标准《公园设计规范》GB 51192 的相关规定。

2 滨江公共空间应以绿化为主，位于绿地内的保护建筑和按规定程序经论证确需保留或新建的建筑应用于服务设施配置，并应与绿化景观相互融合。

3 绿化种植面积占公共绿地面积的比例、园路及场地铺装面积占公共绿地面积的比例应符合表4.3.3的规定。

4 乔木覆盖面积不应小于公共绿地总用地面积的50%。

5 历史风貌型区段如难以达到上述公共绿地建设指标的，可根据设计方案，按规定程序经论证后确定具体指标。

6 在园路及场地铺装中宜种植乔木，提高硬质铺装的乔木覆盖率，形成简洁通透的林下空间。

7 公共绿地不得设置围栏（不含防护型护栏），已设置的围栏应逐步拆除。

表4.3.3 滨江各类公共空间区段中公共绿地设计技术指标

技术指标	自然生态型	文化活力型
园路及场地铺装面积占比	≤20%	≤30%
绿化种植面积占比	≥75%	≥60%

4.3.4 滨江公共空间内新建建筑应达到基本级绿色建筑，其中星级以上绿色建筑面积占总建筑面积的比例应达到30%以上，评价方法应符合现行上海市工程建设规范《绿色建筑评价标准》DG/TJ 08—2090的相关规定。

4.3.5 结合滨江建（构）筑物可因地制宜地设置立体绿化，如屋顶绿化、垂直绿化、阳台绿化、棚架绿化等。立体绿化的建设要求应符合现行上海市工程建设规范《立体绿化技术规程》DG/TJ 08—75的相关规定，并宜符合下列要求：

1 具有屋顶绿化条件的新建、改建建筑宜实施屋顶绿化，屋顶绿化实施面积不宜小于建筑占地面积的30%。

2 具有垂直绿化条件的新建、改建建筑宜实施垂直绿化，垂直绿化实施面积不宜小于建筑表面积的20%,宜采用自然攀爬植物。

4.3.6 高桩码头及一、二级防汛墙之间可种植乔木,亲水平台上可设置绿化种植池,种植水生、耐湿性草本植物。选择植物种类时,其根系不得对防汛墙结构造成损坏,不得缩减河道过水断面。

4.3.7 在高桩码头上种植植物时,应符合下列规定:

1 不得破坏高桩码头下水生植物的生长以及水生动物的食物源、栖息、产卵、洄游环境。

2 覆土条件及平台允许承载力(含人群荷载)应满足表4.3.7的规定。当实际承载力达不到相应要求时,应采取工程措施加固以满足承载力要求。

表4.3.7 高桩码头绿化种植技术要求

植物类型	高桩平台承载能力(kN/m²)	土壤类型	有效土层厚度(cm)
乔木	15~20	轻质土	≥150
	20~25	大部分采用轻质土	
	25~30	小部分采用轻质土	
	≥30	普通土	
灌木	10~15	轻质土	≥80
竹类	10~15	轻质土	≥60
花坛、花境	10~15	轻质土	≥40
地被、草坪	10~15	轻质土	≥30

4.3.8 两岸滨江地区的植物群落种植应符合下列规定:

1 种植设计应以乔木为主,树种多样化,并做到常绿树种和落叶树种相结合,速生树种和慢生树种相结合,常绿树种宜达到20%~30%。

2 应选择抗风、耐湿的树种。

3 宜优先选择本土植物种类;若采用外来物种时,应进行充分论证,并办理相关手续。

4 应合理使用季相花卉,丰富整体绿化季相特征,花灌木、色叶、开花树种比例应大于或等于 30%。

5 古树名木应原地保留、保护。

6 不得新增胸径 25 cm 以上的树木,原有胸径 25 cm 以上的树木宜原地保留。

4.3.9 滨江公共空间内除高桩平台等水上区域外,宜根据场地平面布置、竖向设计,结合景观绿化,采用生态雨水沟、生物滞留池、渗透种植池、树池过滤池、可渗透铺装等源头径流减排技术。

4.3.10 若滨江公共空间内地表雨水径流排向自然水体,应结合场地绿化和生态驳岸设置滨水植被缓冲带。

4.4 慢行道

4.4.1 文化活力型和历史风貌型区段宜每隔 120 m 设置人行出入口,自然生态型区段中的人行出入口间距可适当放宽。

4.4.2 漫步道、跑步道与骑行道的空间位置关系和设计要求应符合表 4.4.2 及下列规定:

1 漫步道全线应连续、近岸设置且无障碍贯通;因空间限制,漫步道设置在近岸水域内的,不得超越浚浦线。

2 跑步道宽度宜为 3 m~4.5 m;若考虑作为临时赛事跑道的,宽度不应小于 6 m。

3 跑步道平纵线形宜结合地形设计,坡面应平整、防滑。

4 骑行道严禁助(电)动车驶入,限制竞速类活动。

5 骑行道不宜紧邻主要建筑出入口,避免冲撞。

6 漫步道净空高度应大于 2.2 m,骑行道、跑步道净空高度应大于 3 m。

7 三道宜分道设置,若受空间条件限制,跑步道可与漫步道合并设置,骑行道可与跑步道合并设置,骑行道与漫步道不得合并设置。

8 路面宜采用降温路面涂层，不宜使用黑色路面。

表 4.4.2 漫步道、跑步道与骑行道基本要求一览表

<table>
<tr><th rowspan="2">慢行道</th><th rowspan="2">单向设置宽度</th><th rowspan="2">双向设置宽度</th><th colspan="2">组合设置宽度</th><th rowspan="2">控制时速</th><th rowspan="2">纵坡坡度</th></tr>
<tr><th>跑步道+漫步道</th><th>跑步道+骑行道</th></tr>
<tr><td>漫步道</td><td>—</td><td>应≥1.8 m</td><td rowspan="2">宜≥4 m</td><td>—</td><td>—</td><td>—</td></tr>
<tr><td>跑步道</td><td>—</td><td>应≥2 m</td><td rowspan="2">宜≥5 m</td><td>—</td><td>应≤8%</td></tr>
<tr><td>骑行道</td><td>宜≥2.5 m</td><td>宜≥4 m</td><td>—</td><td>单独设置时，宜≤20 km/h；与跑步道合并设置时，宜≤15 km/h</td><td>宜≤3%</td></tr>
</table>

4.4.3 当不同速度的慢行活动相互冲突时，应贯彻快速让慢速的原则，并应在不同慢行道交叉口设立安全警示标志。

4.4.4 自然生态型区段的慢行道应结合公路、村内道、防汛通道等构成的既有道路进行建设，不宜新辟慢行道。

4.4.5 滨江公共空间内部地坪应保证竖向平缓过渡，保证场地的慢行体验舒适性和连续性。

4.4.6 滨江公共空间应通过竖向设计等方法减少降雨径流，降低慢行道等公共活动区域的积水风险。

4.5 广场与建筑

4.5.1 活动场地宜小规模多点设置，场地尺度应与活动相匹配，运动场地、户外健身场所、儿童游乐场的场地尺度应符合现行国家标准《室外健身器材的安全通用要求》GB 19272 以及《全民健身活动中心分类配置要求》GB/T 34281 的相关规定，并应符合下列要求：

1　小型广场应满足人们日常社交、休憩、健身等需求，尺度宜控制在 200 m^2～1 000 m^2。

2　可利用建筑背面、桥下通道等低效空间形成小尺度的公共空间，塑造安全、有活力、高品质的活动场地。

4.5.2　平台宜靠近岸线分级布置，防汛墙后可结合建(构)筑物设置视线开阔的观景平台，最低一级平台高程宜高于警戒水位 50 cm 以上。

4.5.3　滨江公共空间内的建筑功能和设施宜增强参与性、互动性，新建、扩建、改建公共建筑(除部分管理用房外)地面层宜提供商业服务、文化展览等服务功能，向公众开放。

4.5.4　滨江公共空间内的建筑地面层为商业、公共服务等功能时，所在地块开放退界应与滨江慢行道一并设计，统筹步行通行区、设施带和建筑前区空间与建筑本体的公共空间关系。

4.5.5　绿地内新建建(构)筑物单体檐口高度不宜大于 10 m，应以 1 层为主，局部 2 层，以所在区段的场地设计标高为基准。新建建筑连续实体界面不宜大于 50 m。

4.6　地下空间

4.6.1　公共绿地的地下空间开发利用应满足绿地的生态景观要求，并应合理确定地下空间用途、范围、覆土深度等控制要求，宜局部开发利用，功能宜为公益性服务配套。

4.6.2　在满足防洪安全的前提下，应处理好地下空间结构与防汛墙结构的相互关系，提倡地上、地下空间功能的互动，宜利用地下空间合理布置配套设施，提高滨江空间的综合服务能力。

4.6.3　地下空间应进行有效管理，设置必要的监控设施，避免形成安全盲点。

4.6.4　地下空间开发利用应通过防汛影响专项论证。

5 配套设施

5.1 服务设施

5.1.1 滨江公共空间的服务设施应根据公共空间类型、公共活动需求、腹地功能定位设置，应包括但不限于以下设施类型：管理服务设施、配套商业设施、便民服务设施、科普教育设施、交通服务设施、安全保障设施、环境卫生设施和环境照明设施。具体设置要求应符合本标准附录A的规定。

5.1.2 便民服务设施宜以综合服务点的形式设置，宜结合滨江建筑设置，服务半径宜控制在250 m～500 m。其中，自然生态型区段的服务半径可放宽至500 m～1 000 m。

5.1.3 公共厕所的服务半径不宜超过200 m，厕所宜与其他设施结合设置。其中，在城市开发边界内的自然生态型区段，公共厕所的服务半径不宜超过800 m；在郊野地区的自然生态型区段，公共厕所可不按服务半径控制，宜结合人流集散点设置。

5.1.4 垃圾箱间距不宜超过100 m，应采用分类收集形式。其中，城市开发边界内的自然生态型区段中垃圾箱间距可放宽，郊野地区的自然生态型区段中可结合停车场和游客服务中心设置垃圾箱。

5.1.5 滨江公共空间沿线应设置充足的座椅，并宜符合下列规定：

1 座椅间距宜控制在40 m左右，其中，自然生态型区段中座椅间距可适当放宽。

2 座椅宜成组设置。

3 座椅宜设置在向阳、避风处，夏季应有良好的遮阴。

4　沿活动路径的矮墙、花池边沿、台阶等可设计成座椅形式。

5.1.6　无障碍设施设计应符合现行国家标准《无障碍设计规范》GB 50763 的相关要求，应合理布局坡道、盲道、无障碍电梯等设施，坡道宜采用缓坡，坡度不宜大于 5%。

5.1.7　公共活动场地应创造舒适的微气候环境，宜设置林下空间及遮蔽设施，慢行道的遮蔽覆盖比例宜不小于 40%（含独立遮蔽设施和附属遮蔽设施）。

5.1.8　服务设施与环境设施应在材质、尺度、比例等方面与周边环境相互协调。

5.2　交通设施

5.2.1　滨江公共空间应根据功能和需求合理设置公共通道，提高交通服务水平，并应符合下列规定：

1　滨江第一条市政道路至河道蓝线（河口线）的距离超过 500 m 时，宜增加平行于河道的公共通道。

2　文化活力型和历史风貌型区段内，公共通道与市政道路交叉口间距不宜大于 200 m；自然生态型区段内，公共通道与市政道路交叉口间距不宜大于 500 m。

3　除应急车辆以外，公共通道不得通行其他机动车。

4　滨江第一条市政道路与公共空间的公共通道相交，宜优先采用平面交叉方式；如果确需采用立体交通方式，桥梁或隧道应满足相交道路通行净空要求。

5.2.2　两岸滨江地区市政交通设施出入口应与市政道路衔接，应满足设施应急救援和消防安全需求。

5.2.3　滨江公共空间内市政道路宜结合公共空间出入口设置交通广场。

5.2.4　滨江公共空间应提高公共交通的可达性，增强公共交通换乘便利性，并应符合下列规定：

1 两岸滨江地区若规划建设局域线，站点应结合滨江公共空间出入口或人流吸引点合理设置。

2 两岸滨江地区公交站点、出租车候客站和扬招点宜结合轨道交通车站、局域线站点和滨江公共空间出入口综合设置。

3 文化活力型和历史风貌型区段的公共交通站点间距不宜大于 500 m，自然生态型区段的公共交通站点间距不宜大于 800 m。

4 轨道交通、局域线、客运码头、常规公交、停车设施和步行、非机动车系统之间的换乘通道应根据需求确定通道数量和宽度，应满足特殊人群的换乘出行需求。

5.2.5 客运码头宜提高综合利用效率，实现轮渡码头和游船码头的复合运营，并应符合下列规定：

1 码头上应有良好的灯光照明，保障游客通道安全畅通。

2 根据规划保留或新建的码头设施，其风格、材质、高度、颜色应与周边环境景观相协调，减少对滨江公共活动的影响，与周边环境之间的界面应采取景观化处理。

5.2.6 客运码头应符合现行国家标准《城市综合交通体系规划标准》GB/T 51328 的相关要求，应设置配套交通设施。客运码头主要出入口 50 m 范围内应设置公共交通车站。客运码头应结合广场和临近道路设置非机动车停车设施、出租车候客站、社会车辆临时停靠点等。客运码头的配套交通设施宜与滨江公共空间或者腹地交通设施统筹协调，提高设施使用效率。

5.2.7 滨江公共空间应符合现行上海市工程建设规范《建筑工程交通设计及停车库(场)设置标准》DG/TJ 08—7 的相关要求，合理控制停车需求，适度供给小汽车停车位，并应符合下列规定：

1 应充分利用腹地地块的配建停车场(库)，实现停车共享。

2 如确需设置公共停车场(库)，宜采用地下或半地下形式，不宜设置地面停车设施。

3　新建公共停车场(库)应结合滨江公共空间出入口设置。

5.2.8　非机动车停车设施宜结合公共建筑、交通枢纽和公共空间出入口设置。

5.2.9　旅游大巴停车场宜利用腹地空间设置。

5.3　市政设施

5.3.1　两岸滨江地区公共空间在设计时应衔接上位规划,保证上位规划中跨江市政设施及服务腹地市政设施用地与空间控制要求的落实。

5.3.2　两岸滨江地区市政设施的设置应与周围环境景观相协调,并应符合下列规定:

1　新建变电站、给水泵站、雨污水泵站、雨水调蓄池、生活垃圾转运站和生活垃圾压缩收集站宜采用小型化、地下化或半地下化方式设置,其高出地面部分应与周围环境景观相协调,并采用绿化隔离等方式满足防护距离要求。

2　已建市政设施可通过对设施的地下化、半地下化改造或对设施外观的景观化改造实现与周围环境景观的协调。

3　在满足防汛安全的前提下,文化活力型、历史风貌型区段的堤防、水闸等水工建(构)筑物的外观宜纳入滨江公共空间环境景观范畴统一设计。

5.3.3　两岸滨江地区应根据空间特点增强智慧化设计,并应符合下列规定:

1　应选择适宜的通信技术实现滨江公共空间无线通信网络全覆盖。

2　宜加强监测预警、预测预报和远程控制等环境及安全智能感知终端设施部署,结合电子广告牌、电子屏幕等设施及时发布安全及环境监测与预警信息。

3　宜在滨江公共空间活动场地增强移动智能终端设备支

持，利用信息化技术打造虚实映射、实时交互的智慧化应用场景。自然生态型区段宜以植物认知、自然探索等应用为主；文化活力型区段宜以展示、虚拟沉浸式活动体验等应用为主；历史风貌型区段宜以历史场景展示、历史人物互动等应用为主。

4 基站、天线等通信基础设施、智能感知终端设施及具备条件的智能终端设备宜与建(构)筑物结合设置，并采用伪装、隐蔽或景观化等方式布置。

5.3.4 两岸滨江地区可结合滨江公共空间内城市家具及滨水设施设置小微型分布式光伏等可再生能源设施，补充地区路灯照明、智慧化终端等设施的用能需求，并应满足下列要求：

1 小微型可再生能源设施的布局与建设应与周边环境景观相协调。

2 结合滨水建筑、跨河桥梁、水利与排水设施、防汛墙等滨水设施建设的小微型可再生能源设施不得影响防汛安全和航道通航。

5.3.5 两岸滨江地区道路杆件、箱体应按照“能合则合”的原则进行整合设计，综合杆、综合机箱的整体风貌应与周边环境景观相协调，并应符合现行上海市工程建设规范《综合杆设施技术标准》DG/TJ 08—2362 的相关规定。

5.3.6 两岸滨江地区文化活力型、历史风貌型区段，综合机箱、位于车行道外的城市管线检查井盖等可采用表面线条勾勒、色彩涂画等方式进行艺术化处理，其整体风貌应与周围环境景观相协调。

5.4 其他设施

5.4.1 照明设施应满足滨江公共空间夜间公共活动的需要，保障公共空间的夜间安全，并应符合下列规定：

1 应最大限度地降低光污染，不应影响动物栖息和植物的正常生长。

2 贯通滨江公共空间的主要慢行道沿线应设照明设施，其他慢行道沿线宜设照明设施，其照度要求应符合现行上海市工程建设规范《绿地设计标准》DG/TJ 08—15 的相关规定，主要慢行道的照度要求应达到园路中主路的照明标准。

3 照明设施宜与建筑、景观设施等相融合设计，营造和谐美观的景观效果。

4 自然生态型区段宜在人流稀疏的地方布置感应灯。

5 应选用安全、符合能效标准的光源，有条件的场所宜采用太阳能、风能等可再生能源。

6 照明设施应分区或分组集中控制，宜采用光控、时控或智能控制的方式，照明控制系统宜预留联网监控的接口。

5.4.2 滨江公共空间各区段标识系统应统一设计、统一安装，标识类型应分为导视指引类、解释说明类、安全警示类和无障碍类标识等，并应符合下列要求：

1 导视指引类标识宜设置于驿站、停车场、交叉口等人群聚集点、活动停留点。

2 解释说明类标识宜设置于漫步道两侧，并靠近说明对象。

3 安全警示类标识应设置在滨水区域、主要道路交叉口、危险路段前 50 m 处等区域。

4 无障碍类标识应符合现行国家标准《无障碍设计规范》GB 50763 的相关要求。

5 各类标识应清晰、简洁，同一地点设置 2 种以上标识时，内容不应矛盾、重复；不同种类标识可合并设置，但不宜超过 4 种。

5.4.3 滨江公共空间内的公共艺术品应符合下列规定：

1 在重要节点处可设置公共艺术品，并充分考虑其与腹地的视觉联系。

2 公共艺术品应结合场地环境进行主题、体量、材质等设计，与环境相融合。

5.4.4 两岸滨江地区应严格控制户外广告的设置。户外广告设施应符合户外广告设施设置规划及其实施方案，并应符合现行行业标准《城市户外广告和招牌设施技术标准》CJJ/T 149 的相关规定，不宜设置独立式广告。

6 公共安全

6.1 活动安全

6.1.1 两岸滨江地区应以专题研究的形式开展人流量分布研究，划定可能存在高密度人流安全隐患的区域，在人流高峰期间设置安全防护设施。

6.1.2 滨江广场的出入口、连通道等应确保日常活动及瞬间高峰人流活动时的安全性要求，楼梯坡道应与主要人流方向错位设置，避免加剧人流交织矛盾。

6.1.3 人流易拥挤场所及易发生跌落、淹溺等安全事故地段应进行信息采集和监测，在主要出入口、防汛通道闸门、主要道路、支流河口、配套设施的公共部位等处应安装固定摄像仪器进行安保监控。

6.1.4 人流活动密集场所应设置防范过渡拥挤的缓冲区。宜将广场和绿地结合布置，绿地可作为高密度人流时段的紧急疏散空间。在高差变化、转弯处应有醒目提示。

6.1.5 滨江公共空间内的公共艺术品等设施应采取加固措施，安装前应作结构检查。

6.1.6 滨江公共空间内的慢行道禁止助（电）动车驶入，不得进行竞速类活动，慢行道出入口处应设置禁止助（电）动车的警示标志，可设置物理隔离桩、闸机等设施。

6.1.7 交通冲突点应慢行优先，设置提示避让的标识和减速设施，可通过线形变化、视线导引等减速设计，达到降速目的。

6.1.8 人群集中场所容易发生跌落、淹溺等人身事故的地段，应设置安全防护性护栏。安全防护性栏杆应牢固、耐久、连续、不易攀爬，其高度不应小于 1.05 m。

6.1.9 儿童活动场地的设计应体现儿童友好，符合儿童人体尺度，选址应远离车行道、骑行道、水上平台和人流密集区域，场地宜有适当的围合，边界应保证视线通透性，严禁种植对儿童活动有危害的植物。

6.1.10 亲水平台应设置安全闸门，在极端天气(包括暴雨、台风、冰雪、大雾、高潮位等)时封闭管理。

6.2 应急避险及救援

6.2.1 两岸滨江地区应急避难场所的设置应符合现行上海市工程建设规范《应急避难场所设计规范》DG/TJ 08—2188 的相关规定，并应符合下列要求：

1 应充分考虑防汛安全，根据黄浦江最高水位及周边水工建(构)筑物的标高等确定应急避难场所上下游排水能力和措施，保证避难功能区不被水淹。

2 对于不具备应急避难场所建设条件的区域，应设置明显指示标识指向周边易于通达的应急避难场所，并合理设置疏散通道。

6.2.2 两岸滨江地区文化活力型、历史风貌型区段人流密集区域，除等级应急避难场所和社区应急避难场所外，还应根据地区开敞空间条件、人流密度，利用绿地、广场、露天停车场等设置短时应急避险场地，并应符合下列规定：

1 应根据人员疏散线路对应急避险场地、疏散通道设置明显指示标识，其设置应符合现行国家标准《道路交通标志和标线》GB 5768 及《安全标志及其使用导则》GB 2894 的相关规定。

2 疏散通道在线形、宽度、转角设计时应充分考虑应急状态下人员疏散需求，有利于避险人员安全、顺畅通过。

3 应配置应急通信设备、广播系统，在危险发生时应能及时有效通知危险区域人员。

6.2.3 两岸滨江地区消防给水设计应符合现行国家标准《消防给水及消火栓系统技术规范》GB 50974 的相关规定，并宜考虑沿岸消防应急取水需求，设置消防应急取水点和消防车通道，消防车通道边缘距离应急取水点不宜大于 2 m，消防车取水最大吸水高度不应超过 6 m。

6.2.4 两岸滨江地区沿黄浦江两岸应布置取用方便的应急落水救生设施，设置醒目标识，并应满足下列要求：

1 文化活力型、历史风貌型区段应沿黄浦江岸线每 100 m～120 m 间距设置 1 套救生圈、救生绳和救生爬梯，自然生态型区段可适当放宽间距要求。

2 码头处应加装 1 套救生圈、救生绳和救生爬梯。

3 有条件时，应将救生设施安装在公安视频监控范围内。

6.2.5 两岸滨江地区在隧道及文化活力型、历史风貌型区段人员密集区处宜设置紧急呼救设施，间距宜控制在 300 m 左右，可与路灯、信号灯、电话亭等设施结合设置。紧急呼救设施应与公安部门双向联系，求助者求救时可显示与记录事发位置，并触发报警系统。

6.2.6 两岸滨江地区应保障地区应急医疗需求，并应满足下列要求：

1 应结合滨江综合服务点设置应急医疗救助点，配备必要的应急医疗救助设备，包括医疗救护药箱、自动体外除颤器等。

2 应结合传染病疫情控制预案，对可能发生的传染病疫情预留专用应急医疗空间，安排专用应急医疗服务设施，并应采取有效的隔离措施。

6.3 环境治理与防护

6.3.1 空气质量应符合现行国家标准《环境空气质量标准》

GB 3095 中二级标准的相关规定。

6.3.2 能源利用应符合下列规定：

1 新建、改建建筑应充分利用自然通风、自然采光，采用清洁能源。

2 滨江公共空间内辅助设施宜利用太阳能光伏发电等清洁能源技术。

3 码头及场内使用的车辆或港作机械，应采用电能或清洁能源。

6.3.3 废气排放应符合现行上海市地方标准《大气污染物综合排放标准》DB 31/933 的相关规定，排放油烟的饮食单位选址应符合相关规划要求，所排油烟不得超过标准规定。

6.3.4 扬尘污染防治应符合下列规定：

1 道路保洁应实行喷雾湿式作业，主要车行道机械化清扫和洒水率应达到 100%。

2 临时闲置土地应种植绿化，对裸土实行全覆盖。

6.3.5 两岸滨江地区内地表水水质应符合现行国家标准《地表水环境质量标准》GB 3838 的相关规定，并应按照表 6.3.5 的规定执行。

表 6.3.5 两岸滨江地区内地表水水质分类控制表

区域	水质
黄浦江自龙华镇至徐浦大桥段	Ⅲ类
黄浦江自吴淞口至龙华镇段(包括复兴岛运河)和苏州河	Ⅳ类
黄浦江市区支流	Ⅴ类
其他河流	根据水域环境功能符合相应类别的水质要求

6.3.6 新建、改建、扩建公共建筑、市政工程应使用节水型用水器具。

6.3.7 废水排放应符合现行上海市地方标准《污水综合排放标准》DB 31/199 的相关要求，并应符合下列规定：

1 码头、客运中心应按照有关规定建设用于处理船舶废油、洗舱废水、船舶生活污水和垃圾的收集、储存、处理处置系统，并使该设施处于良好状态，处理达标的废水应排入市政污水管网，不得直接向黄浦江排放压舱水、洗舱水、舱底水。

2 滨江公共空间应实行雨污分流制，场地及公共厕所排放污（废）水应纳入市政污水管网；不具有纳管条件时，应采用一体化污（废）水处理装置，处理后出水应按照杂排水（绿化、冲洗绿地）相关标准执行。

6.3.8 区域声环境质量应符合现行国家标准《声环境质量标准》GB 3096 的相关要求，并应符合上海市环境噪声标准适用区划的相关规定。

6.3.9 噪声控制应符合下列规定：

1 区域内不得新建高噪声设施。

2 户外活动应降低噪声，不得干扰周边居民生活。

3 应建设降噪结构和低噪路面。

4 自然生态型区段不得开展大型文艺演出等公共集会活动，不宜开展使用乐器或音响器材的健身、娱乐活动。

5 对于活动噪声矛盾突出的区段，宜通过合理划分活动区域、错开活动时段、设置噪声监测仪、限定噪声排放值等方式降低噪声干扰。

6.3.10 两岸滨江地区宜采取环境噪声主观干预、声景观设计等新技术方法营造宜人的声景氛围。

6.3.11 土壤环境质量应符合下列规定：

1 规划建设用地的土壤环境质量应符合现行国家标准《土壤环境质量建设用地土壤污染风险管控标准（试行）》GB 36600 的相关要求，可能接触人体的绿化表层土应取自无污染的土地。

2 土壤环境质量的监测评价应符合现行行业标准《土壤环

境监测技术规范》HJ/T 166 的相关规定，土壤污染超过规划用地的相应标准时，应采取措施修复或风险管控，短期内无法修复的不得设置活动功能。

6.3.12 两岸滨江地区内应规划、建设大气环境质量自动监测站点、噪声监测站位、人工湖水质监测系统，并应纳入上海市环境监测网络。

6.4 防汛安全

6.4.1 黄浦江防汛墙工程应符合现行上海市工程建设规范《防汛墙工程设计标准》DG/TJ 08—2305 的相关要求，应符合下列规定：

1 市区段防汛墙工程应采用千年一遇防洪(潮)标准，为Ⅰ等工程 1 级水工建筑物。

2 防汛墙工程上的闸、涵、泵站等建(构)筑物及其他建(构)筑物的设计防洪(潮)标准，不应低于防汛墙工程的防洪(潮)标准，其建筑物的级别应不低于防汛墙工程的级别，并应同时满足相应建(构)筑物规范的规定。

3 应对防汛墙工程进行安全加高。

4 已建防汛墙不满足防洪标准、结构存在安全隐患时，应及时开展安全鉴定，并根据安全鉴定结论进行加固和改造。

6.4.2 两岸滨江地区在设计时应保障黄浦江两岸防汛通道要求，并应符合下列规定：

1 防汛通道宜全线贯通，并设置必要的限行设施和警示标志。

2 防汛通道总宽度不宜小于 6 m，其中车行道宽度不宜小于 3 m，并应考虑双向错车要求。

3 防汛墙(堤)后有市政道路、公共通道的，可利用市政道路、公共通道兼作防汛通道，其中利用周边道路代替防汛道路的，宜设置人行巡查通道。

4　当采用两级挡墙式防汛墙时，一级、二级挡墙之后应分别设置防汛通道。

6.4.3　在保证黄浦江防汛墙（堤）防洪防潮安全的前提下，可因地制宜，采用新形式、新技术，其建设应符合下列规定：

1　当滨江公共空间纵深较大时，可采用后退的方法布置多级防汛墙（堤），通过土坡、台地等错落有致的组合使标高逐渐过渡。

2　当采用后退的方法布置防汛墙（堤）时，一级挡墙和后退的挡墙之间宜主要设置在高水位时可淹没的休闲和景观绿地。

3　当滨江公共空间纵深较小时，防汛墙（堤）应沿江岸布置，可结合公共活动设置不同标高的台地过渡，台地上部空间布置绿地、慢行道、广场等，台地下部空间在高度合适、符合防汛墙管理要求的条件下，可综合设置停车和服务设施等，也可采取抬高防汛墙内侧基面标高的做法，使滨江和腹地之间形成缓和过渡。

6.4.4　沿岸亲水平台应不影响防汛墙（堤）结构安全，其外缘不应超越码头前沿控制线。近岸水域内，严禁采用浮式载人亲水平台。

附录A 服务设施设置要求

A.0.1 不同类型滨江公共空间的服务设施具体设置要求详见表A.0.1。

表A.0.1 各类滨江公共空间服务设施配置指引表

设施类型		空间类型		
类型	功能	自然生态型	文化活力型	历史风貌型
管理服务设施	管理中心	○	○	○
	游客服务中心	●	○	●
配套商业设施	售卖点	○	●	●
	餐饮点	○	●	●
便民服务设施	寄存箱	●	●	●
	更衣室	●	●	●
	零售	○	●	●
	饮水点	●	○	●
	座椅	●	●	●
科普教育设施	科普宣教	●	○	●
	解说	○	○	●
	展示设施	●	○	●
交通服务设施	自行车停放点	●	●	●
	机动车停车场(库)	●	○	○
	公交站点	●	●	●
安全保障设施	治安消防点	●	●	●
	医疗急救点	●	●	●
	安全防护设施	●	●	●
	无障碍设施	●	●	●

续表A.0.1

设施类型		空间类型		
类型	功能	自然生态型	文化活力型	历史风貌型
环境卫生设施	厕所	●	●	●
	垃圾箱	○	●	●
环境照明设施	安全照明	●	●	●
	环境照明	○	●	●

注:“○”表示可设置;“●”表示应设置。

本标准用词说明

1 为便于在执行本标准条文时区别对待，对要求严格程度不同的用词说明如下：

1) 表示很严格，非这样做不可的用词：
正面词采用“必须”；
反面词采用“严禁”。

2) 表示严格，在正常情况下均应这样做的用词：
正面词采用“应”；
反面词采用“不应”或“不得”。

3) 表示允许稍有选择，在条件许可时首先应这样做的用词：
正面词采用“宜”；
反面词采用“不宜”。

4) 表示有选择，在一定条件下可以这样做的用词，采用“可”。

2 本标准条文中指明应按其他有关标准执行的写法为“应符合……的规定”或“应按……执行”。

引用标准名录

1 《安全标志及其使用导则》GB 2894
2 《环境空气质量标准》GB 3095
3 《声环境质量标准》GB 3096
4 《地表水环境质量标准》GB 3838
5 《道路交通标志和标线》GB 5768
6 《室外健身器材的安全 通用要求》GB 19272
7 《全民健身活动中心分类配置要求》GB/T 34281
8 《土壤环境质量 建设用地土壤污染风险管控标准(试行)》GB 36600
9 《无障碍设计规范》GB 50763
10 《消防给水及消火栓系统技术规范》GB 50974
11 《公园设计规范》GB 51192
12 《城市综合交通体系规划标准》GB/T 51328
13 《城市户外广告和招牌设施技术标准》CJJ/T 149
14 《土壤环境监测技术规范》HJ/T 166
15 《污水综合排放标准》DB 31/199
16 《大气污染物综合排放标准》DB 31/933
17 《建筑工程交通设计及停车库(场)设置标准》DG/TJ 08—7
18 《绿地设计标准》DG/TJ 08—15
19 《立体绿化技术规程》DG/TJ 08—75
20 《绿色建筑评价标准》DG/TJ 08—2090
21 《应急避难场所设计规范》DG/TJ 08—2188
22 《防汛墙工程设计标准》DG/TJ 08—2305
23 《综合杆设施技术标准》DG/TJ 08—2362

上海市工程建设规范

黄浦江两岸滨江公共空间建设标准

DG/TJ 08—2373—2023
J 16908—2023

条 文 说 明

2023 上海

目　次

Contents

1 总 则

1.0.1 本条说明制定本标准的宗旨和目的。《上海市城市总体规划(2017—2035年)》提出,上海的城市目标愿景是至2035年建成卓越的全球城市,令人向往的创新之城、人文之城、生态之城。上海的“一江一河”,即黄浦江、苏州河是上海建设卓越的全球城市的代表性空间和标志性载体。《黄浦江、苏州河沿岸地区建设规划》明确黄浦江沿岸定位为全球城市发展能级的集中展示区,是全球城市核心功能的空间载体、世界一流的城市公共客厅、具有宏观尺度价值的生态廊道。在上海建设卓越的全球城市目标指引下,为适应建设世界一流滨水区域的需要,提高黄浦江两岸滨江公共空间品质,规范黄浦江两岸滨江地区的建设,参考相关技术标准和规范,制定本标准。

近年来,黄浦江两岸滨江地区已逐步从航运工业岸线迈向生活生态岸线,本标准编制组密切关注市民生活方式以及对公共空间需求的变化,收集国家、行业和本市以及国内外的相关标准和文献资料,总结两岸滨江地区建设经验,制定本标准。

本次编制以实现贯通、可达、安全、生态、宜人、活力、文化、智慧的世界级滨水区为目标。贯通、可达、安全、生态属于基础目标。贯通指建设整体、开放的滨江公共空间体系,保证漫步道、跑步道、骑行道等慢行通道连续性、连通性,最大限度实现滨江空间开放,满足市民、游客亲水近水等多种活动的体验需求。可达指坚持公交优先、慢行优先,构建“层次清晰、功能互补、集约低碳、畅达便捷”的一体化滨江交通体系,注重多种交通方式的便捷换乘,加强水陆联动,提升交通服务水平,并设置明晰的交通标识,明确指引,使市民、游客方便、快捷、舒适地到达滨江空间。安全指保障黄浦江防汛安全，加强黄浦江防汛墙的保护管理，不断提高堤防工程设计水平，并为市民、游客的多元滨江活动提供安全防护、安全预警、应急救援和疏散避难等相关的设施保障，营造安全的滨江空间。生态指坚持生态为先，严格保护生态资源，尊重自然本底现状，改善动植物生境，连通生态廊道，提升生物多样性，且景观必须服从生态和功能，营造丰富多样的滨江绿化环境，另外全面推进环境治理与保护、环境监督与管理。

宜人、活力、文化、智慧属于品质目标。宜人指提升滨江公共空间品质，重视空间尺度，营造舒适宜人的微气候环境，通过营造宜人的景观环境，协调各类风貌要素之间的关系，创造富有韵律的滨江景观轮廓等设计手段，增强城市景观细腻度与体验感，为各年龄段使用人群提供多样的功能和场所。活力指设置内容丰富、功能合理、具有文化魅力和活动吸引力的开放场所，满足市民、游客的活动需求，融入多种体育活动，塑造浦江国际运动品牌，另外确保公共建筑底层开放，并提供服务设施，凝聚人气，满足市民、游客的多元需求。文化指严格保护历史风貌区，塑造具有滨江特色的开放场所，注重对物质文化遗产和非物质文化遗产的保护与利用，并设置体现时代风貌的公共艺术品，营造富有多元文化氛围的滨江场景，提升滨江地区的文化魅力。智慧指营造智慧滨水区的氛围，展现“智慧城市”的形象，在建设中运用智慧手段，推进既有基础设施的智能化改造，提升两岸滨江地区的智能化服务水平。

1.0.2 本条说明本标准的适用范围。在地域空间上，本标准适用于吴淞口至闵浦二桥的滨江公共空间的建设。滨江地区的标准断面可参考《黄浦江两岸地区公共空间建设设计导则》（沪浦江办〔2017〕1号）。具体适用范围包括滨江第一条市政道路至江岸的陆域和黄浦江支流，以及江岸至黄浦江浚浦线之间的水域。滨江第一条市政道路是指平行于黄浦江且距同侧黄浦江蓝线距离最近的市政道路。未包含在上述适用范围内的两岸滨江地区其他公共空间的建设可参照执行。公众调研显示，市民对于黄浦江边的亲水性公共活动存在较大需求。实地调研和建设单位走访显示，黄浦江蓝线至浚浦线（码头前沿控制线）之间的水域空间也是重要的公共空间，但是一直以来缺乏建设管控。因此，本次标准编制将黄浦江蓝线至浚浦线（码头前沿控制线）之间的水域空间定义为近岸水域，将其纳入标准适用范围。目前仍作为生产作业功能使用的区段不在本标准适用范围内。

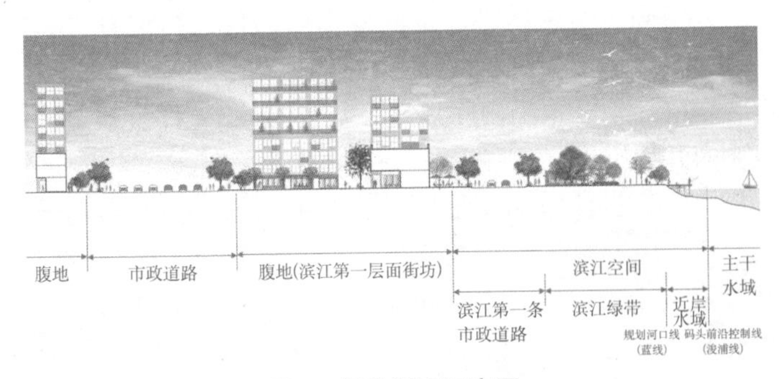

图1　标准断面示意图

1.0.3　说明两岸滨江地区公共空间的建设原则，包括可持续发展、因地制宜、功能复合以及公共开放。

1.0.4　说明两岸滨江地区公共空间编制专项规划和控制性详细规划的关系。

1.0.5　本标准关注影响黄浦江两岸公共空间的主要要素，其他关于市政基础设施、道路、地下空间等的具体技术指标并未涉及，故本标准中未涉及的内容尚应符合国家、行业和本市现行有关标准的规定。

2 术　语

2.0.1　滨江公共空间具有休憩、观光、健身、交往等户外公共活动功能。滨江公共空间包含独立公共空间和附属公共空间两类。独立公共空间包括两岸滨江地区范围内的公共绿地、广场、滨江道路、近岸水域等具有独立用地属性的公共空间。附属公共空间是指两岸滨江地区范围内除独立公共空间外、允许公众进入的其他地块内开放空间。

2.0.4　漫步道是以散步、观光为主要功能的连续通道，连通主要滨江活动场地。跑步道是以跑步、竞走、健身为主要功能的连续通道，具有一定的宽度、坡度和标识要求。骑行道是以自行车休闲活动为主要功能的连续通道，是自行车专用骑行道，不允许助(电)动车进入。在已经完成的黄浦江 45 km 滨江岸线贯通工作中已采用包括漫步道、跑步道及骑行道的慢行道概念，本次标准编制沿用此概念。

3 空间类型

3.0.1 黄浦江两岸不同区段的自然资源、现存历史建筑、腹地功能等基础条件不同，难以用一套标准来控制，需要差异化管理。因此，本条依据相关上位规划的要求，兼顾腹地功能，综合资源特征、公共活动特点、服务设施完善程度，将滨江公共空间进行分类，以便于后续条文制定差异化的管控要求。

自然生态型滨江公共空间是指以林地、湿地、农田等丰富的生态植被为景观要素，以生态环境为主要特征，多种活动流线穿插其间，可开展跑步、骑行、徒步、自然科普教育等活动的公共空间。自然生态型滨江公共空间应以贯通、可达、安全、生态等基础性目标为主，注重生态保护，营造自然野趣。

文化活力型滨江公共空间是指以城市公园和开放绿地为主体，以丰富的活动场所为主要特色，具有适量的文化、休闲、商业等功能的建筑，拥有完善的服务设施，可开展文艺、展览、休闲健身、休憩、商业体验、户外社会交往等活动的公共空间。文化活力型滨江公共空间应在满足贯通、可达、安全、生态等基础性目标的基础上，逐步达到宜人、活力、文化、智慧等品质性目标。

历史风貌型滨江公共空间是指以有特色的保护保留建筑和环境为主要特征，通过城市更新引入多样功能，可开展观光旅游、文化博览等活动的公共空间。历史风貌型滨江公共空间应在满足贯通、可达、安全、生态等基础性目标的基础上，逐步达到宜人、活力、文化、智慧等品质性目标。

3.0.2 相对完整的区段是指资源特征一致、未被交通干道或主干河流所切分的完整区段。各类型公共空间在规划设计中应突出自身的特色，但是也要注重不同区段之间的协调，加强空间布局和设施标准的统筹、水岸联动统筹、滨江与腹地发展统筹，避免出现杂乱无序、衔接不畅的情况。

4 空间设计

4.1 系统布局

4.1.1 生态廊道是指由植被覆盖形成的具有保护生物、防治污染、调节雨洪、涵养水源等生态服务功能的廊道类型，它能连接孤立的生境斑块，为物种提供栖息地和移动、传播的通道，促进斑块间基因和物种的交流，有利于生物多样性的保护。黄浦江两岸地区的生态廊道主要指沿黄浦江分布的具有一定宽度和连续度的绿色公共空间，包括水体、公共绿地、沿岸湿地、田林农园等。

目前，黄浦江滨江岸线多以硬质岸线为主，鼓励通过建设生态岸线来辅助生物栖息和迁徙。生态岸线是指在陆地和水体接触的分界线，以保护、创造生物良好的生态环境和自然景观为前提，为鸟类、鱼类、底栖生物、啮齿类动物、水生植物提供生长、栖息、繁衍场所，具有保护堤岸防洪安全、保持水土、滞洪补枯、减缓近岸流速、消浪、维持生物多样性、净化水体、提供自然景观等综合功能的岸线。生态岸线可以是保护既有的自然岸线或采用人工生态修复办法构筑具有自然属性的岸线。

生态多样性主要体现在各类动植物在数量、大小、形状和类型、分布以及之间的连接度、连通性等结构和功能上的多样程度，会影响动植物种群大小、迁移、能量交换等生态过程。根据国内外不同学者对于生物保护廊道适宜宽度的研究，当生物保护廊道宽度低于 12 m 时，生物保护廊道与生物多样化之间的关联度趋近于零；当生物保护廊道宽度在 30 m 以上时，廊道就会含有较多草本植物和鸟类边缘种，基本满足动植物迁徙和传播以及生物多样性保护的功能，能够保护鱼类、小型哺乳、爬行和两栖类动物；

当生物保护廊道宽度在 100 m 以上时，生态保护效益明显。自然生态型区段拥有较多的农田、林地、湿地资源，其绿地布局应保持整体连续，连续宽度不宜低于 100 m。文化活力型区段存在商业、文化、体育等建筑，其绿地布局应保持整体连续，连续宽度不宜低于 30 m。部分历史风貌型区段如杨浦渔人码头—杨树浦水厂滨江段等，其保护保留建筑较多，难以设置连续宽度大于 30 m 的绿地，故宜设置连续宽度大于 12 m 的绿化种植带。连续宽度指中间无非生态功能（宽度小于 2 m 的慢行道除外）的绿带宽度。

4.1.2 两岸滨江地区应保证生态优先，生态空间的分类管控要求应根据城市总体规划、生态专项规划等相关规划执行。上海市城市总体规划将黄浦江两岸地区相关的市级自然保护区、饮用水源一级保护区、森林公园核心区、地质公园核心区、重要湿地划定为二类生态空间保护范围。上海市城市总体规划将黄浦江两岸地区城市开发边界外除一类、二类生态空间外的其他重要结构性生态空间划定为三类生态空间，包括林地、湖泊河道、野生动物栖息地等生态保护区域，以及饮用水源二级保护区、近郊绿环、生态间隔带、生态走廊等生态修复区域。关于生态空间的分类分级应以批准的上海市城市总体规划为准。

滩涂湿地是黄浦江整体生态环境中的重要锚点，对维护沿江生态的稳定具有不可替代的作用。滩涂湿地具有调节径流、改善水质、调节微气候、保护生物多样性等重要的功能，很多水禽的繁殖和迁徙离不开滩涂湿地。在黄浦江河道凸岸浅滩、河流交汇处亦有不少滩涂湿地，还有一些人工建设的滩涂湿地，这些生态资源应优先保护，规划面积不宜少于现状，其他建设活动不得侵占滩涂湿地，若确需减少滩涂湿地面积需要进行充分的论证。

4.1.3 纵向绿廊是指联通滨江公共空间与腹地的绿色廊道。通过纵向绿廊的有效渗透，可使黄浦江的生态效益向腹地辐射，促进腹地绿地系统网络的优化，在更大范围内形成人与自然共生共感的良好生态系统。为加强纵向生态廊道的联系，应结合纵向支流水系和公共空间形成纵向绿色通廊，加强黄浦江与腹地的生态网络联系。

4.2 历史风貌

4.2.1 参考《上海市历史风貌区和优秀历史建筑保护条例》《上海市文物保护条例》的相关规定，建筑周围原有的空间景观特征涵盖了街区空间格局、建筑体量高度的相互关系以及特色绿化景观、构筑物等要素。

4.2.2 参考《上海市历史风貌区和优秀历史建筑保护条例》以及《上海市控制性详细规划技术准则(2016 年修订版)》中关于历史风貌的相关规定，在历史风貌区保护规划范围内，新建、扩建、改建建筑物，应与历史风貌地区的风貌特色相协调，但不是强制要求全面复古式的设计，应给予设计师充分发挥的余地。在设计要素不能协调时，应通过专家论证后确定建筑设计风格。

4.2.3 不在各级文保单位、优秀历史建筑、历史风貌区保护规划范围内，与黄浦江历史沿革密切相关的历史特色场所(港区、厂区、码头、船台等)、历史特色建(构)筑(包括仓库、厂房、水工建筑等)、历史特色遗存物(包括轨道、龙门吊、系缆桩、墩柱、烟囱、厂棚、机器等)等空间要素，应通过专家论证程序后决定是否保护、保留，以及保护、保留的方式。

4.2.5 黄浦江两岸地区的城市家具主要是指滨江公共空间中的各种户外环境设施，具体包括雕塑、座椅、艺术小品、垃圾箱、标识标牌、灯具、景观花坛、健身器材等。

4.3 生态与绿地

4.3.1 借鉴西雅图和纽约滨水地区生态修复的实践，为增加滨水地区生物多样性，在近岸水域内不破坏防汛墙主体结构的前提下，宜设置生态修复的面板，并在近岸水域内设置潜水防波堤、人工珊瑚石降低近岸水域能量流动速度，营造适合水生动植物栖息的良好生境。在防汛墙前沿水域宜设置生态台阶、生态板面或潮间带栖息地等，可以吸引动植物栖息，同时提高防汛墙稳定性。在码头、亲水平台等水上构筑物局部设置透光区域或结构，使光可以透过平台表面，提升至桩基的透光度，从而提高平面下层的光合作用，以利于水下动植物生长栖息。码头、亲水平台等水上构筑物可以采用金属或纤维玻璃格栅镶边等手段弱化码头边缘的光强对比度。

潜水防波堤是指放置在近岸水域的水底基层上、一级防汛挡墙前 5 m～10 m 的混凝土堤，降低其与防汛墙之间的水底基层流动速度，从而提高该区域的生态效应。

生态台阶是指位于设计高水位和设计低水位之间具有生态纹理的台阶，不悬挂在防汛墙上。

生态板面是指位于设计高水位和设计低水位之间，悬挂在防汛墙上，具有生态纹理的板面，包含卵石平板、卵石鳍板、卵石踏板和混凝土鳍板。

潮间带栖息地是指位于设计高水位和设计低水位之间的生物栖息地带，由整石或带角度的块石组成，需防止位移。

4.3.3 公众调查显示，市民在黄浦江两岸滨江地区需要丰富的开放活动场地。两岸贯通的建设实践显示，自然生态型和文化活力型滨江区段的公共绿地中，绿化种植面积占比不适合用同一指标控制，应在整体平衡的基础上设定差异化标准。《黄浦江两岸地区公共空间建设设计导则》(沪浦江办〔2017〕1 号)中根据不同的滨江公共空间类型设定了不同的绿化种植面积占比指标、园路及场地铺装面积占比指标，导则编制经过相关专业部门的审核，可以作为参考。基于东岸贯通等实践经验，为了满足公共活动需求，本标准将文化活力型区段的绿化种植面积占公共绿地的比例下限定为 60%。为了保证较高的绿化总量，自然生态型区段的绿化种植面积占比下限设定为75%。

乔木覆盖面积参照现行行业标准《园林基本术语标准》CJJ/T 91中绿化覆盖面积的概念，只针对乔木覆盖面积进行计算。现行上海市工程建设规范《绿地设计标准》DG/TJ 08—15中规定，“绿地中乔木树冠的垂直投影面积占绿地陆地面积百分比：公园项目应不小于60%，一般绿地项目应不小于70%”。滨江公共空间沿黄浦江呈带状分布，基于东岸贯通等实践经验，为了保障公共活动场地，同时提升滨水视觉连通度，增加可观赏江景的临江界面通透度，本标准将乔木覆盖面积占公共绿地用地面积的比例下限设定为50%。

4.3.4 现行上海市工程建设规范《绿色建筑评价标准》DG/TJ 08—2090中将绿色建筑划分为基本级、一星级、二星级、三星级4个等级，对于滨江公共空间内的新建绿色建筑的等级评价可按此执行。黄浦江两岸滨江地区属于全市的重点发展地区，滨江公共空间内新建建筑主要强调安全耐久、健康舒适、使用便利、资源节约、环境保护和技术创新，应满足《绿色建筑评价标准》DG/TJ 08—2090中关于公共建筑的所有控制项要求，达到基本级的绿色建筑。建设绿色生态的滨江地区不仅要关注绿色建筑的数量，还应注重其质量。一、二、三星级绿色建筑在降低资源消耗和改善环境效果上比一般绿色建筑更加显著，因此在滨江公共空间中应提高一、二、三星级绿色建筑的比例，要求星级以上绿色建筑面积占总建筑面积的比例达到30%以上。

4.3.5 具有屋顶绿化条件的对象包括新建公共建筑以及改建的既有建筑，屋顶高度低于24 m，屋顶为平屋顶或屋面坡度小于15°的坡屋顶。滨江建筑结合自身条件，可以合理选用花园式、草坪式、组合式等多种形式的屋顶绿化。采用屋顶绿化实施面积比例来进行管控，计算方法为：屋顶绿化实施面积比例(%)＝实施屋顶绿化的屋顶面积/建筑占地面积×100%。《上海市人民政府办公厅转发市绿化市容局关于推进本市立体绿化发展实施意见的通知》(沪府办发〔2014〕39 号)要求“以公共建筑为主推进屋顶绿化建设。新建公共建筑的平屋顶(除设施和太阳能设备外),原则上均应实施屋顶绿化,屋顶绿化实施面积应不小于建筑占地面积的 30%”。《上海市海绵城市建设技术导则》要求“绿色屋顶面积占宜建屋顶绿化的屋顶面积的比例不应低于 30%”。《上海市海绵城市建设指标体系(试行)》(沪建管联〔2015〕834 号)要求“针对建筑与小区系统,要求满足条件的新建、改建公共建筑的绿色屋顶率不低于 30%。针对绿地系统,要求满足条件的新建、改建建筑的绿色屋顶率不低于 50%”。参考以上规定,黄浦江两岸地区具有屋顶绿化条件的新建、改建建筑宜实施屋顶绿化,屋顶绿化实施面积比例不宜小于 30%。

具有垂直绿化条件的对象为新建、改建的公共建筑以及垃圾箱房、变电箱房等市政建筑设施。采用垂直绿化实施面积比例来进行管控,计算方法为:垂直绿化实施面积比例(%)=实施垂直绿化的面积/可实施垂直绿化的建筑表面积×100%。《上海市人民政府办公厅转发市绿化市容局关于推进本市立体绿化发展实施意见的通知》(沪府办发〔2014〕39 号)要求“以工业建筑为主推进垂直绿化建设。根据工业建筑的特点,实施以垂直绿化为主的立体绿化建设,立体绿化建设面积应不少于新建建筑表面积的 20%”。参考以上规定,黄浦江两岸地区具有垂直绿化条件的新建、改建建筑宜实施垂直绿化,垂直绿化实施面积比例不宜小于 20%。

4.4 慢行道

4.4.1 《上海市控制性详细规划技术准则(2016 年修订版)》中规定,A 类功能区即公共活动中心区的步行通道间距推荐值为 80 m～120 m。滨江公共空间文化活力型和历史风貌型区段多位于城市中心地区,是全市重要的公共活动地区,为建立安全舒适的慢行交通系统，提高可达性，人行通道间距的控制可按照控规技术准则中 A 类功能区的步行通道间距推荐值上限设置为 120 m。自然生态型区段中的人行出入口间距可适当放宽。

4.4.2 参照《黄浦江两岸地区公共空间建设设计导则》（沪浦江办〔2017〕1 号）中慢行贯通的相关规定，建设连续、贯通、安全、人性化的慢行系统，合理处理漫步道、跑步道与骑行道的空间位置关系，保证不同活动人群有独立的活动空间。一般情况下，最外侧布局骑行道，中间布局跑步道，内侧临江布局漫步道。若受空间条件限制，跑步道可与漫步道合并设置，骑行道可与跑步道合并设置，但骑行道与漫步道不得合并设置。除非空间条件极端紧张，否则三道不能合并设置。骑行道的设计速度控制主要是为了运营管理的安全性。

4.4.5 场地内部可采用低矮挡墙、大尺度台阶、小坡度斜坡、缓坡草坪等方式解决高差问题，保证场地的慢行体验舒适性和连续性。

4.5 广场与建筑

4.5.1 滨江公共空间总体呈带状分布，很多区段的垂江纵深较小，活动场地宜小规模多点设置。参考《上海市控制性详细规划技术准则(2016 年修订版)》公共空间部分，对于单个中小尺度的广场面积界定在 300 m^2～2 000 m^2 之间，考虑到滨江公共空间的可用面积较小，因此本条将小型广场尺度设置在 200 m^2～1 000 m^2。

4.5.2 鼓励靠近岸线分级布置平台，防汛墙后可结合建(构)筑物设置视线开阔的观景平台，增加面向江面的活动空间。黄浦江是潮汐河且水质不佳，如果近岸的一级平台高程仅与警戒水位相同，那么极易造成平台上淤泥较多，难以冲刷，因此最低一级平台高程高于警戒水位 50 cm 以上可以增加使用时间。

4.5.3 鼓励可进入的建筑界面，增强沿岸建筑功能和设施的参与性、互动性，新建公共建筑(除部分管理用房外)底层应向公众开放，新建、扩建、改建公共建(构)筑物应提供公益性为主的服务功能，包括展演服务、游览服务、社区服务、经营服务、运动服务等，优化市民游客参与滨江公共活动的体验，提升滨江地区的整体吸引力和关注度。新建、扩建、改建公共建(构)筑物应提供以下公益性为主的服务功能：展演服务主要提供科教宣传、博物展览、艺术展览、文艺表演等公益性服务，发挥科教和展示功能；游览服务主要借助工业遗迹、历史建筑、文化遗产，作为景观和游览对象；社区服务主要提供社区图书馆、文化宣传站等公共文化活动场所，发挥社区服务功能；经营服务主要在满足环保的条件下，提供零售、餐饮等经营性服务，不得提供高档奢侈品经营服务；运动服务主要提供寄存箱、更衣室、自动贩卖机、饮水点和公共厕所等运动健身配套设施，提高两岸地区综合服务水平。

4.5.4 建筑前区是指公共建筑的入口区域，是由门、门洞、门廊、台阶、引道、庭院、入口广场以及在此范围内的其他空间元素(铺地、绿篱、草坪、停车场等)组成的空间场所，既是建筑附属空间又是城市空间的一部分。

4.5.5 现行国家标准《公园设计规范》GB 51192 中要求“游憩和服务建筑层数以 1 层或 2 层为宜，起主题或点景作用的建筑物或构筑物的高度和层数应服从功能和景观的需要”。参考上述要求，滨江公共空间的绿地内新建建(构)筑物单体按 2 层，建筑高度 10 m 控制，去掉室内外高差及女儿墙高度后，则基本能满足 2 层建筑层高均能达到 4.5 m，以最大空间限度为公众服务提供方便。因此，本标准规定以所在区段的场地设计标高为基准，绿地内新建建(构)筑物单体檐口高度不宜大于 10 m。

4.6 地下空间

4.6.1 参考《上海市控制性详细规划技术准则(2016 年修订版)》中关于地下空间的规定，在满足绿化种植、环境、安全等要求的前提下，可利用绿地的地下空间建设公共停车库、市政设施等公益性服务配套。

4.6.4 地下空间的防汛影响论证应按照《上海市地下公共工程防汛影响专项论证管理办法》（沪水务〔2015〕921号）的相关要求执行。

5 配套设施

5.1 服务设施

5.1.1 根据公共空间类型、公共活动需求、腹地功能定位，设置滨江公共空间的配套设施如表1所列。

表1 滨江公共空间服务设施

设施类型	主要功能
管理服务设施	管理中心、游客服务中心等
配套商业设施	售卖点、餐饮点、自行车租赁点等
便民服务设施	寄存箱、更衣室、零售、饮水点、座椅、充电桩等
科普教育设施	科普宣教、解说、展示设施等
交通服务设施	自行车停放、机动车停放、公交站点等
安全保障设施	治安消防点、医疗急救点、安全防护设施、无障碍设施等
环境卫生设施	厕所、垃圾箱等
环境照明设施	安全照明、环境照明等

5.1.2 综合服务点内部可设置寄存箱、自动贩售机、紧急医疗救助点、无线通信、书报亭等公益性功能。鼓励便民设施结合滨江建筑设置，自然生态型区段的服务半径可适当放宽。

5.1.3 服务半径是指城市中各项公共服务设施所在地至其所服务范围最远的直线距离。公共厕所的设置参考了现行上海市工程建设规范《公共厕所规划和设计标准》DG/TJ 08—401 的相关规定。滨江公共空间内公共厕所的设置参考城市广场的公厕设置要求，服务半径不宜超过 200 m。在后滩湿地公园等城市开发边界内的自然生态型区段中可参考旅游景区的上限设置公共厕所，服务半径不宜超过 800 m。浦江郊野公园等郊野地区的自然生态型区段滨江公共空间一般在人流聚集的场所设置公共厕所，可不按服务半径控制。

5.1.4 垃圾箱的设置参照了现行上海市地方标准《城市道路公共服务设施设置规范》DB11/T 500 的相关规定。滨江公共空间内的垃圾箱间距不宜超过 100 m。在后滩湿地公园等城市开发边界内的自然生态型区段内，垃圾箱间距可以适当放宽。在浦江郊野公园等郊野地区的自然生态型区段滨江公共空间内，公服设施以自助服务为主，鼓励游客将垃圾携带出滨江公共空间，垃圾箱不宜设置过多，可结合停车场及游客服务中心设置。

5.1.7 可利用的遮蔽设施包括独立遮蔽设施和附属遮蔽设施。独立遮蔽设施包括乔木种植、遮阳设施、挡风设施、遮雨设施等独立遮蔽设施（含可拆卸式）；附属遮蔽设施包括建筑可利用挑檐、独立构筑物和骑楼等要素，提供遮蔽功能。

5.2 交通设施

5.2.1 滨江公共空间周边道路系统应首先满足交通功能，并加强道路的景观性和舒适性，提高交通服务品质，便于人流快速疏散和交通安全出行。参考现行国家标准《城市综合交通体系规划标准》GB/T 51328 和现行行业标准《城市道路路线设计规范》CJJ 93，滨江公共空间应针对功能定位和需求情况，开展地区道路系统评估，增加道路密度和公共通道，提升道路服务水平。滨江公共空间增加滨江公共通道时，应根据城市腹地功能、使用需求、公共空间类型、实施条件等因素进行评估，确定增加公共通道的必要性和数量。其中，自然生态型区段应满足基本使用需求，降低公共通道等设施对空间生态系统的影响。滨江第一条市政道路至河道蓝线（河口线）的距离超过 500 m 时，为保障公共空间的安全和应急救援需求，应加密平行于河道的公共通道，供应急车辆通行。

5.2.2 市政交通设施指现状或规划建设在滨江地区的燃气、电力、雨污水设施等市政设施以及停车场、公交站点等交通设施。

5.2.4 公共交通的模式和线路选择、站点布置、运营组织应以提高滨江公共空间的可达性和便捷性为基本原则，应结合城市腹地功能、市民出行需求、公共空间类型、实施条件等因素确定。随着黄浦江两岸滨江公共空间功能开发，未来将会集聚大量人流，为便于疏散，可适当增加公共交通站点，提高公交服务水平。

5.2.7 滨江公共空间以发展公共交通为主要导向，合理控制小汽车停车需求，因地制宜提供小汽车停车泊位。

5.3 市政设施

5.3.1 两岸滨江地区涉及大量现状及规划跨江市政设施，如跨江原水管、电力隧道、天然气干管、燃气过江井、污水总管（干线）及泵站等。两岸滨江地区在进行滨江公共空间设计时，应衔接上位规划，保证这部分市政设施的功能和安全，既要落实用地，保障设施功能，也要落实空间控制要求，保障设施安全。

5.3.2 《上海市控制性详细规划技术准则（2016 年修订版）》第 10.12.1 条要求"在主城区、新城以及对环境景观要求严格的区域，变电站、泵站、水库、垃圾转运站和压缩收集站等设施宜建在地下，其出地面部分应与周边环境相协调"。滨江公共空间环境景观要求较高，参考上述规定，综合考虑滨江地区建设条件，鼓励采用小型化、地下化或半地下化等方式设置上述设施，以最大限度降低其对滨江公共空间环境景观的影响。

5.3.3 上海市政府发布的《关于进一步加快智慧城市建设的若干意见》（2020 年）明确智慧城市是城市能级和核心竞争力的重要体现。黄浦江两岸地区作为全市重点地区，应根据空间特点加强智慧化设计，采用现代信息技术更高水平地打造世界级滨水公共开放空间。

5.4 其他设施

5.4.1 贯通滨江公共空间的主要慢行道相当于大型带状公园的园路主路的作用，其沿线的照度水平可按照现行上海市工程建设规范《绿地设计标准》DG/TJ 08—15 中对园路主路的照明要求来控制。选用的光源应符合国家的能效标准和规范，达到节能评价的要求。经核算证明技术经济合理且满足景观需求时，宜利用可再生能源作为照明能源。室外照明控制应满足使用要求，避免产生较大故障影响面，减少对配电系统的电流冲击。有条件时，宜采用智能照明控制系统，实现对各子系统、配电回路或照明灯具的监控和管理，实现对灯光组合变化和照度变化的灵活控制。照明控制系统宜预留联网监控的接口，监测记录系统内电气参数的变化，发出故障警报，分析故障原因，增加系统扩展的便捷性。

5.4.3 公共艺术品是指放置在公共空间中，面向公共开放的、体现上海城市精神的、积极向上的主流文化代表作品。公共艺术品可设置在滨江公共空间的重要节点，并充分考虑与腹地的视觉联系，以及空间尺度的协调性。公共艺术品应结合场地环境进行设计，主题、体量、材质等需与环境融合。有条件的地方可结合历史遗迹组织到公共空间中，重要的可作为景观标志物。中小型公共艺术品的塑造可以结合建筑、构筑物、铺装、绿地等空间载体进行依附式设计。可选取废弃材料回收、历史场景真实还原、历史场景抽象表现等手法，从而增强公共空间使用者的文化认同感。自然生态型区段中，公共艺术品宜结合林地、湿地、农田等自然要素进行设置，强化绿色生态主题。文化活力型区段中，可以结合不同功能的活动场所，设置主题丰富多样的公共艺术品，加强文化氛围的营造。历史风貌型区段中，可以结合历史故事、人物等设置公共艺术品，传承历史文化精神。

6 公共安全

6.1 活动安全

6.1.8 现行行业标准《公园设计规范》CJJ 48 中规定，“游人正常活动范围边缘临空高差大于 1 m 处，均设护栏设施，其高度应大于 1.05 m；高差较大处可适当提高，但不宜大于 1.2 m”。现行国家标准《民用建筑设计通则》GB 50352 中规定“临空高度在 24 m 以下时，栏杆高度不应低于 1.05 m，临空高度在 24 m 及 24 m 以上时，栏杆高度不应低于 1.10 m”。参考以上规定，本标准要求滨江公共空间内安全防护性栏杆的高度不应小于 1.05 m。

6.2 应急避险及救援

6.2.1 滨江公共空间沿黄浦江两岸呈狭长型分布，在发生灾害时，滨江公共空间内人员有沿黄浦江两侧向外避险的需求，因而对于不具备应急避难场所设置条件的区域，应设置明显指示标识指向周边易于通达的应急避难场所。

6.2.2 现行上海市工程建设规范《应急避难场所设计规范》DG/TJ 08—2188 将本市应急避难场所分为等级应急避难场所和社区应急避难场所。等级应急避难场所指具备避难宿住功能和相应配套设施、用于避难人员固定避难救援的避难场所；社区应急避难场所指用于避难人员疏散、就近紧急或临时避难的场所，两类应急避难场所均有相应的配套设施建设要求。两岸滨江地区尤其是文化活力型、历史风貌型区段内人流密集区域，当不具备相关应急避难场所配套设施建设条件时，应根据区域开敞空间条件，充分考虑邻近楼宇人员短时停留的紧急避险需求，利用绿地、广场、露天停车场等空间设置应急避险场地。该类应急避险场地不具备避难住宿功能和齐全的配套设施，但配备必要的应急通信设施等，保障人员短时停留和紧急避险。

6.2.3 两岸滨江地区具备天然的消防水源，滨江公共空间设计时，宜充分考虑两岸滨江地区应急消防用水需求，根据需要设置取水口或取水码头。

6.3 环境治理与防护

6.3.2 辅助设施是指公共厕所、草坪灯等照明设施、解说展示等科普教育设施以及其他辅助性的设施。

6.3.5 两岸滨江地区内地表水水质分类控制按《上海市水环境功能区划》执行。

6.3.7 滨江公共空间中的场地及公共厕所排放污(废)水应纳入市政管网，若因条件限制无法纳管时，可采用生化处理技术。微生物分解粪便后形成的污水，经处理达到相关标准后，可用来冲洗厕所、浇灌绿地。

6.3.10 声环境质量是影响公共空间公众体验的重要因素。滨江公共空间是一个狭长地带，两侧受到交通噪声和航运噪声的共同影响，不利于声级衰减，整体空间感受较为嘈杂，可能引起公众不满。根据近年国内外研究实践，在适合尺度下，综合环境声能的频域、量级掩蔽等效应，可在外界干预及调制后，在特定环境周边营造出利于提升公众主观感知舒适度的声景氛围。因此，两岸滨江地区可引入环境噪声主观干预、声景观设计等降低人群烦恼度的新技术、新方法，缓解高密度城市环境噪声对人的影响。

自然生态型区段可通过自然声干预降低交通噪声的中低频污染，营造声环境以吸引昆虫鸟类栖息。文化活力型区段可结合环境背景声和人流密度及走向设定合理声能空间分布，可采用自然声、人为场景声等多种模式设计情景声干预措施，音量可调并可通过导向方式集中于慢行道沿线或其他公共活动空间。文化活力型区段可结合文化展览、体育活动主题设计声景，但需控制情景声量级增益标准限值，不增加外界环境公众烦恼感知。历史风貌型区段可结合特定历史文化采用情景声干预和景观设计综合措施营造特定声景观空间。

6.4 防汛安全

6.4.3 参考现行上海市工程建设规范《防汛墙工程设计标准》DG/TJ 08—2305，防汛墙后有一定腹地的岸段根据景观规划要求宜设置多级防汛墙，防汛墙、亲水设施、滨水空间宜平缓过渡、协调一致，实现空间上连续性和可达性。参考《上海市河道设计导则》（沪规划资源政〔2018〕90 号），在满足防汛安全的前提下，河岸后腹地较大的河段可采用两级挡墙，一级防汛墙和二级防汛墙间以高水位时可淹没的休闲、景观等绿化用地为主。同时考虑到纵深较小地区滨江公共空间的充分利用，形成有关建设规定。